SALVADOS DE LA EXTINCIÓN
LAS AVES

BLACK RABBIT BOOKS

JOANNE MATTERN

TABLA DE CONTENIDOS

1

Ibis crestado asiático

El ibis crestado asiático solía vivir por toda Asia oriental. En la década de 1970, casi todos habían desaparecido. La gente los cazaba por sus plumas. El hogar del ave también estaba desapareciendo.

Los científicos capturaron algunas de estas aves. Las criaron en zoológicos. En 2017, había 2,000 ejemplares de esta ave en China. Hoy, el ibis tiene grandes posibilidades de sobrevivir.

¿Sabías que...?
Algunas de estas aves viven en tierras protegidas en Japón.

2

Águila calva

El águila calva es el símbolo de los Estados Unidos. Sin embargo, esta ave estuvo en un tiempo en gran peligro. Un pesticida llamado DDT envenenó a las águilas calvas. En 1963, quedaban menos de 1,000 águilas.

El gobierno estadounidense prohibió el DDT en 1972. Esto ayudó a las aves. El águila calva tuvo una fantástica recuperación. Esta poderosa ave vuelve a llenar los cielos de Estados Unidos.

Piensa en esto

¿Cómo pueden las personas utilizar pesticidas sin dañar la vida silvestre?

3 Cóndor de California

Los cóndores de California solían ser comunes en el oeste. Pero la gente comenzó a cazarlos. En 1987, solo quedaban 22 con vida.

Los científicos querían salvar a las aves. Las enviaron a zoológicos. En 1992, algunos cóndores fueron liberados a la naturaleza. En 2024, había alrededor de 500 cóndores de California en el mundo.

¿Sabías que...?
El cóndor de California es el ave más grande de América del Norte.

4
Azulejo
oriental

El azulejo oriental era muy común en América. Pero los pájaros pequeños tenían un gran problema: otras aves habían ocupado sus lugares de anidación. Los azulejos no encontraban ningún lugar donde poner huevos.

En 1978, ya casi no quedaban azulejos. La gente quiso ayudar. Construyeron pajareras especiales. Hicieron senderos para los azulejos en bosques y parques. ¡El azulejo volvió! Hoy hay unos 23 millones en estado silvestre.

Piensa en esto

¿De qué otras formas las personas pueden ayudar a las aves a sobrevivir en estado silvestre?

Loro
turquesa
5
16

Estos coloridos loros estuvieron en una época en gran peligro. La gente talaba sus árboles. Las **especies invasoras** se comían su comida. A mediados del siglo XX, la gente pensaba que el ave había desaparecido para siempre.

Trabajaron duro para salvar al loro. Los granjeros instalaron pajareras. Hoy el ave está protegida en su Australia natal.

Piensa en esto

¿Por qué algunas especies son peligrosas para los animales y la vida silvestre?

Grulla trompetera

6

Las grullas trompeteras viven en zonas pantanosas. Pero sus hogares fueron destruidos. En 1941, solo quedaban 16 ejemplares de estas aves. La gente empezó a pensar ideas para salvarlas.

El gobierno de los EE. UU. reservó tierras para que vivieran las grullas. Poco a poco, el número de grullas trompeteras aumentó. Todavía son raras. Pero se salvaron gracias al trabajo en equipo de la gente.

¿Sabías que...?
Con 5 pies (1.5 metros) de altura, la grulla trompetera es el ave más alta de América del Norte.

MÁS PARA EXPLORAR

¿EN QUÉ PARTE DEL MUNDO?

OCÉANO PACÍFICO

AMÉRICA DEL NORTE

OCÉANO ATLÁNTICO

EUROPA

ASIA

OCÉANO PACÍFICO

ÁFRICA

AMÉRICA DEL SUR

OCÉANO ÍNDICO

AUSTRALIA

CÓNDOR DE CALIFORNIA
Suroeste de Estados Unidos

ÁGUILA CALVA
América del Norte

GRULLA TROMPETERA
América del Norte

AZULEJO ORIENTAL
Este de América del Norte

LORO TURQUESA
Este de Australia

IBIS CRESTADO ASIÁTICO
China central

MÁS PARA EXPLORAR

DATOS FANTÁSTICOS

En Japón, al ibis crestado se lo conoce como "Toki".

Las águilas calvas están protegidas por la ley estadounidense.

Un cóndor de California puede vivir hasta dos semanas sin comer.

Los azulejos pueden ver insectos desde 100 pies (31 m) de distancia.

Los loros turquesas se aparean de por vida.

Las grullas trompeteras pesan solo alrededor de 15 libras (7 kilogramos).

MÁS PARA EXPLORAR

COMPARACIONES INTERESANTES

¿Cómo han crecido las poblaciones de aves en peligro de extinción? Veámoslo.

Ibis crestado asiático
10 en los años 80
↓
480 en 2022

Águila calva
(parejas anidadoras)
417 en 1967
↓
71,400 en 2020

Cóndor de California
22 en 1987
↓
561 en 2024

Azulejo oriental
se desconoce
↓
23 millones en 2024

Grulla trompetera
16 en 1941
↓
702 en 2024

Loro turquesa
extinto en estado silvestre en 1915
↓
20,000 en 2024

MÁS PARA EXPLORAR

RECURSOS

Glosario

especies invasoras Animales que se propagan por un área donde no son nativos, lo que a menudo causa problemas a las plantas y los animales nativos.

liberar Poner en libertad.

pesticida Sustancia química utilizada para matar insectos.

símbolo Un signo, forma u objeto que representa otra cosa.

sobrevivir Permanecer vivo.

Índice alfabético

TOP RANK es publicado por Black Rabbit Books, P.O. Box 227, Mankato, MN, 56002. • Top Rank un sello de Black Rabbit Books • Diseñadora de la serie: Danny Nanos • Diseñadora del libro: Jason Knudson • Fotografías © Dreamstime/Dtguy, cover, 1, Maksym Boiko, 4, 21, 23, Steve Byland, 13; Freepik/andrznam, 2, 11, falgunidhaly, 6–7, wirestock, 9, 21, 23; Shutterstock/Chase D'animulls, 20, Elle777, 14–15, 21, 23, GTS Productions, 19, 21, 23, Ian Dyball, 8, Imogen Warren, 18, lv-olga, 10, 21, 23, Samantha Hopley, 17, Sergii Figurnyi, 12, singh srilom, cover, 1, Wang LiQiang, 5; Wikimedia Commons/JJ Harrison, 16, 21, 23 • Impreso en India

Library of Congress Cataloging-in-Publication Data: Names: Mattern, Joanne, 1963- author. | Title: Las aves: salvados de la extinción / by Joanne Mattern. | Other titles: Birds. Spanish | Description: Mankato, MN: Top Rank, an imprint of Black Rabbit Books, [2026] | Series: Salvados de la extinción | Translation of: Birds. | Includes index. | Ages 8–11 | Grades 2–3 | Identifiers: LCCN 2024054668 (print) | LCCN 2024054669 (ebook) | ISBN 9781644669693 (library binding) | ISBN 9781644669839 (paperback) | ISBN 9781644669976 (ebook) | Subjects: LCSH: Rare birds—Juvenile literature. | Birds—Conservation—Juvenile literature. | Endangered species—Juvenile literature. | Classification: LCC QL676.7 .M37918 2026 (print) | LCC QL676.7 (ebook) | DDC 598.168--dc23/eng/20250106